Sitzungsberichte
der Akademie der Wissenschaften
der DDR
Mathematik – Naturwissenschaften – Technik

21N

1982

L. Kolditz / A. W. Fokin

Fluorchemie

AKADEMIE-VERLAG · BERLIN

Sitzungsberichte
der Akademie der Wissenschaften
der DDR
Mathematik — Naturwissenschaften — Technik

Jahrgang 1982 · Nr. 21/N

L. Kolditz / A. W. Fokin

Fluorchemie

AKADEMIE-VERLAG · BERLIN
1983

Vorträge in der Klasse Chemie,
gehalten am 15. Oktober 1981

Herausgegeben im Auftrage
des Präsidenten der Akademie
der Wissenschaften der DDR
von Vizepräsident Prof. Dr. Heinrich Scheel

ISSN 0138-3956
Erschienen im Akademie-Verlag, DDR-1086 Berlin, Leipziger Str. 3-4

Lizenznummer: 202 · 100/50/83
Printed in the German Democratic Republic
Gesamtherstellung: VEB Druckhaus Köthen
LSV 1275
Bestellnummer: 763 180 3 (2010/82/21/N)
DDR 3,– M

Lothar Kolditz

Fluorchemie – Stand und Entwicklung

1. *Die Sonderstellung des Fluors*

Es gibt eine Reihe von Elementen, deren Verbindungen charakteristische, durch das Element geprägte Eigenschaften aufweisen und die so zur Basis für Richtungen in der Chemie geworden sind. Diese Richtungen werden zumeist mit dem Namen des Elementes gekennzeichnet. Das Fluor ist einer der hervorragendsten Vertreter dieser Reihe. Seine Sonderstellung hängt damit zusammen, daß es die höchste Elektronegativität unter allen Elementen besitzt. In Bindungen mit anderen Elementen ist das Fluor immer der negative Partner, die Bindungsenergie ist in der Regel vergleichsweise hoch. Fluor hat eine sehr kompakte Elektronenhülle, so daß das F^--Ion nach dem H^--Ion das zweitkleinste Anion darstellt. Der Ersatz von Wasserstoff in organischen Verbindungen durch Fluor ist mit keinerlei sterischen Problemen verbunden. In Sauerstoffverbindungen kann Fluor sehr häufig sukzessive den Sauerstoff ersetzen, wodurch Verbindungsreihen mit abgestuften Eigenschaften entstehen. Das ist besonders wichtig bei festen Verbindungen, deren physikalische Eigenschaften wie Leitfähigkeit, Magnetismus für Applikationszwecke eine große Rolle spielen. Die geringe Größe des Fluorid-Ions bedingt verbunden mit der einfachen Ladung eine höhere Beweglichkeit im Festkörper verglichen mit dem zweifach geladenen Oxid-Ion, was für die Herstellung von Festkörperelektrolyten, für Feststoffbatterien und Brennstoffzellen bereits praktische Bedeutung erlangt hat. Das Fluorid-Ion weist außerdem eine sehr hohe Oxydationsbeständigkeit auf. Die Verwendung von F^--Ionen als Liganden ermöglicht in Koordinationsverbindungen die Überführung der Zentralionen in ihre höchsten Oxydationsstufen, ein weiterer Grund für die Erreichbarkeit eines sehr breiten Eigenschaftsspektrums bei Fluorverbindungen. Mit anderen Liganden sind diese Oxydationsstufen nicht in jedem Falle zu realisieren, weil im Extremfall häufig eine Oxydation des Liganden verbunden mit der Reduktion des Zentralatoms erfolgt. Schließlich ist darauf hinzuweisen, daß das Fluor die höchste Reaktivität unter den Elementen besitzt. Es bildet nach heutiger Kenntnis mit allen Elementen Verbindungen außer He, Ne, Ar.

2. *Rohstoffsituation*

Grundchemikalie in der Fluorchemie ist der Fluorwasserstoff. Er wird auch heute noch nach der von SCHEELE 1781 entdeckten Reaktion aus Flußspat durch Umsetzen mit Schwefelsäure gewonnen:

$$CaF_2 + H_2SO_4 \rightarrow CaSO_4 + 2HF$$

Die Weltproduktion an Flußspat betrug 1980 7,6 · 10^6 t mit einem CaF_2-Anteil von 6,6 · 10^6 t. Die Aufbereitungsprodukte des Flußspats sind anteilmäßig:

40% Säurespat mit mehr als 97% CaF_2
5% Keramikspat mit 95 bis 96% CaF_2
55% Hüttenspat mit 85 bis 95% CaF_2.

Es kommen außerdem noch weitere Fluorvorräte in der Natur vor, wovon an erster Stelle der Fluorgehalt der Rohphosphate zu nennen ist, der in Größenordnungen bis zu etwa 4% auftritt und mit den Weltvorräten an CaF_2 vergleichbar ist. Verschiedene Silikate weisen Fluorgehalte auf wie Glimmer und Topas. Auch fossile feste Brennstoffe, besonders Braunkohle, enthalten Fluorid, was nicht zu vernachlässigende Umweltprobleme mit sich bringt. Ein geringer Fluorgehalt ist häufig auf die schon erwähnte Vertretbarkeit von Sauerstoff bzw. OH^- durch Fluorid zu erklären.

3. *Applikationsgebiete von Fluorverbindungen*

Es sollen hier nur überblicksmäßig die hauptsächlichen Gebiete genannt und mit kurzen Erläuterungen versehen werden, in denen Fluorverbindungen eine Rolle spielen.

3.1. Monomere Fluorhalogenkohlenstoffverbindungen

Verbindungen dieses Typs wie $C_2Cl_3F_3$ dienen als Lösungsmittel, Textilreinigungsmittel, auch als Reinigungsmittel für Maschinen, elektrische und elektronische Geräte, sowie als Kühlflüssigkeiten in Kühlaggregaten. Auch Kohlenstoffhalogenverbindungen mit nur einem C-Atom in der Molekel sind hierfür geeignet. Die Verbindung CCl_2F_2, die neben anderen ähnlichen Substanzen zum Verschäumen von Kunststoffen und zur Herstellung von Leichtbetonen (Gasbetonen) eingesetzt wird, hat bezüglich ihrer Verwendung als Treibgas für Spray-Dosen umfangreiche Diskussionen ausgelöst. Wie viele perhalogenierte Kohlenstoffverbindungen ist CCl_2F_2 unter normalen Bedingungen sehr beständig und wird biologisch nicht abgebaut. In die Atmosphäre abgegebene Anteile können also in die Stratosphäre gelangen, wo sie mit angeregtem Sauerstoff reagieren oder direkt durch UV-Strahlung vor allem unter Bildung von Cl-Atomen zersetzt werden.

$$CCl_2F_2 \rightarrow CClF_2^{\cdot} + Cl^{\cdot}$$

Die Cl-Radikale reagieren mit Sauerstoff und greifen damit in den Ozonzyklus ein. Vernichtung der Ozonschicht wäre lebensbedrohend für die Erde. Die Diskussion wurde aber in Gang gesetzt, ohne daß eine gründliche wissenschaftliche Analyse des Problems vorlag. Es müssen zur Einschätzung der Wirkung viele Reaktionen, darunter auch ozonbildende, berücksichtigt werden. Ozonabbaureaktionen sind auch nicht allein von dem hier genannten Chlor-Sauerstoff-Zyklus bekannt. Der durch Stickoxid eingeleitete Stickstoff-Sauerstoff-Zyklus ist gleichermaßen mit zu betrachten. Zur Zeit kann noch nicht mit Sicherheit gesagt werden, auf welche Weise die zahlreichen Reaktionen in ihrer Gesamtheit auf die Ozonkonzentration in der Stratosphäre wirken. Auf jeden Fall wurde analytisch bisher noch keinerlei Abnahme der Ozonkonzentration festgestellt. Die Extrapolation, daß alles abgegebene CCl_2F_2 in die Stratosphäre gelangt, ist keinesfalls zutreffend, da tribochemische Abbaureaktionen z.B. unter Einwirkung von Sand nachgewiesen wurden und die Löslichkeit in Wasser ebenfalls als Rückhalteprozeß auftritt. Richtig ist aber der Gedanke, daß auf die Dauer eine nicht reversible Feinverteilung des Fluors vermieden werden sollte. Voll zu verneinen ist die Übertragung des Gedankens der Ablehnung solcher Verbindungen auf die anderen genannten Zwecke. Die Verwendung als Lösungsmittel, Reinigungsmittel und als Kühlflüssigkeiten zu unterbinden, wäre grundlos, da in jedem Falle, auch bei Kühlschränken, eine Rückgewinnung wenigstens zum großen Teil möglich ist. Die Verbindungen sind im genannten Anwendungsbereich bisher nicht durch Stoffe mit günstigeren Eigenschaften zu ersetzen. Der Einsatz halogenfreier Kühlmittel würde einen erheblichen Mehrbedarf an Energie erfordern [1], ganz abgesehen davon, daß z.B. die Verwendung von SO_2 die Gefahr einer direkten Umweltbelastung mit sich bringen würde.

Es gibt auch bromhaltige Verbindungen dieser Kategorie, z.B. CF_2BrCF_2Br, die als Feuerlöschmittel wegen ihrer radikalbildenden Eigenschaften sehr effektiv sind. Das Entstehen sehr reaktionsfähiger Radikale aus Halogenkohlenstoffverbindungen unter den Bedingungen von Plasmaentladungen wird in der Mikroelektonik zum Abätzen dünner Schichten ausgenutzt (chemisches Plasmaätzen).

3.2. Fluorpolymere und -oligomere

Polytetrafluoräthylen ist ein zwar teurer Kunststoff, der sich aber durch hervorragende Eigenschaften auszeichnet: Temperaturbeständigkeit bis 260 °C, Widerstandsfähigkeit gegen aggressive Chemikalien, hohes Isoliervermögen, Haftfestigkeit auf Metalloberflächen und starke Herabsetzung der Reibungskoeffizienten. Daraus ergibt sich die Anwendung im chemischen Apparatebau, in der Mikroelektronik und Elektrotechnik, im Geräte- und Maschinenbau z.B. für wartungsfreie Lager, aber auch die Verwendung in Form von Verbundmaterial.

Polytrichlorfluoräthylen erreicht in seinen Eigenschaften nicht ganz die Werte von Polytetrafluoräthylen, ist aber ebenfalls ein wertvoller Kunststoff, der z.B. als korrosionsschützender Überzug in der chemischen Industrie Verwendung findet. Bei mittleren Polymerisationsgraden bilden sich wichtige Schmieröle und Schmierfette.

Polyvinylidenfluorid findet Anwendung in der Elektronik und Elektrotechnik. Es hat ein sehr hohes Isoliervermögen. Seine Flexibilität über einen breiten Temperaturbereich macht es zu einem begehrten Material vor allem für den Flugzeugbau. Seine piezo- und pyroelektrischen Eigenschaften werden zum Wandeln mechanischer und thermischer Signale in elektrische Größen ausgenutzt. Es gibt pyroelektrische IR-Empfänger und Bildwandler auf dieser Basis.

Polyvinylidenfluorid wird als Plastmaterial im Bautenschutz angewendet. Für die Elektroindustrie ist seine hohe Durchschlagfestigkeit und seine hohe Dielektrizitätskonstante von Interesse.

Es gibt außerdem eine große Anzahl von Mischpolymerisaten mit Tetrafluoräthylen, die als Fluorelastomere verschiedene Anwendungsgebiete erobert haben, bei denen hohe Widerstandsfähigkeit gegenüber Chemikalien gefordert wird.

3.3. Pflanzenschutz- und Schädlingsbekämpfungsmittel

Die perfluorierten organischen Verbindungen zeichnen sich durch eine große Reaktionsträgheit aus, wie das Beispiel des Polytetrafluoräthylens lehrt. Perhalogenierte organische Verbindungen, die neben Fluor noch andere Halogene enthalten, weisen eine zwar geringe, aber doch gegenüber den reinen Fluorverbindungen erhöhte Reaktivität auf. Diejenigen Verbindungen aber, die nur wenig Fluor in der Molekel enthalten, besitzen eine hohe Reaktivität, meist in der Nachbarschaft der Kohlenstoff-Fluor-Bindung. Solche Verbindungen sind oft biologisch hoch aktiv. Deshalb ist es nicht verwunderlich, daß wirksame fluorhaltige Verbindungen in den verschiedenen Wirkungsbereichen vertreten sind, den Insekticiden, Nematiciden, Rotenticiden, Fungiciden, Herbiciden und Akariciden. Sie werden häufig in Fällen angewendet, wo andere Mittel wegen der hohen Anpassungsfähigkeit der betreffenden biologischen Systeme bereits versagen. So sind z.B. für die Mehltaubekämpfung neue wirksame Substanzen erwünscht. Unter den fluorhaltigen Verbindungen wurden auch Spezialmittel gefunden, die für den Gemüsebau Bedeutung haben. Bei den fluorhaltigen Pflanzenschutz- und Schädlingsbekämpfungsmitteln ist die

Toxizität eine nicht leicht zu überwindende Klippe, es sind besonders sorgfältige Prüfungen erforderlich.

3.4. Fluorpharmaka

Die Verbindung Halothan, $CClF_2CHClBr$, ist ein Narkotikum und wohl das Pharmazeutikum mit der höchsten Produktionsziffer. Es wird auch als Lösungsmittel benutzt. Es gibt darüber hinaus fluorhaltige Vertreter in allen Gruppen der Chemotherapeutika, so unter den Bakteriostatika, den Virostatika und den Cancerostatika. Unter den Pharmakotherapeutika sind besonders noch die fluorhaltigen Psychopharmaka und Appetitszügler zu erwähnen. Die Fluorsteroide zeichnen sich durch hohe Wirksamkeit aus [2].

Perfluorierte oligomere Kohlenstoffverbindungen haben in letzter Zeit als Blutersatzmittel Interesse erweckt [3]. Es handelt sich um Verbindungen, die mittels oberflächenaktiver Substanzen in wäßriger Pufferlösung emulgiert werden und in der Lage sind, den Sauerstoff- und Kohlendioxidtransport kurzfristig zu übernehmen. Die Verbindungen haben darüber hinaus folgende Bedingungen zu erfüllen. Sie müssen das Blutvolumen aufrecht erhalten, p_H-Konstanz, Druck, Viskosität ähnlich den Werten des Blutes ermöglichen, sie dürfen keinen irreversiblen Schaden an Geweben und Organen hervorrufen, keine Funktionsbeeinträchtigung von Organen verursachen, sie müssen die Neubildung von Erythrocyten u.a. Blutbestandteilen mit vernünftiger Geschwindigkeit ermöglichen und schließlich aus dem Körper ohne zurückbleibenden Schaden wieder ausgeschieden werden. Diese Entwicklung hat für die Unfallchirurgie erhebliche Bedeutung. Die bisherigen Substanzen genügen noch nicht voll den genannten Ansprüchen, lassen aber erkennen, daß die Lösung des Problems möglich ist.

3.5. Oberflächenaktive Verbindungen

Perfluorierte oligomere Kohlenstoffverbindungen mit Kettenlängen um etwa 10 C-Atome spielen als Tenside und als Oleophobierungsmittel für Leder und Textilien eine Rolle. Sie dienen in der Lack- und Farbenindustrie als Dispergatoren, sie erhöhen die Wirksamkeit von Fußbodenpflegemitteln und finden in der Galvanotechnik als Zusatz zu Bädern Verwendung, wo sie die Austragung der Badflüssigkeit verhindern, eine größere Dauerhaftigkeit der Metallüberzüge hervorrufen und Energieeinsparung ermöglichen. Als Zusätze zu Feuerlöschmitteln erhöhen sie deren Wirkung durch Begünstigung der Schaumbildung. Fluortenside sind außerdem als Korrosionsinhibitoren sehr effektiv. Verglichen mit C—H-Tensiden sind Fluortenside erheblich wirksamer, so daß eine erfolgversprechende Weiterentwicklung des Gebietes nur mit letzteren möglich erscheint.

Allerdings ist Vorsicht geboten bei der Verwendung derartiger Verbindungen in Spülmitteln, da ihre Beständigkeit einen biologischen Abbau zumindest stark erschwert. Alle anderen Verwendungszwecke der Tenside, die die Gefahr einer vorrangigen Abwasserbelastung nicht mit sich bringen, stehen jedoch offen.

3.6. Farbstoffe

Es hat sich gezeigt, daß die Einführung von Fluor in bestimmte Farbstoffmoleküle, vor allem in Azofarbstoffe, eine erhöhte Brillanz und Lichtechtheit hervorruft.

3.7. Zwischenprodukte

Die Weiterentwicklung der Fluorchemie ist eng mit der Verfügbarkeit einer Palette von fluorhaltigen Zwischenprodukten verbunden. Das gilt für die Forschung und für die Produktion. Daß bei den fluorhaltigen Farbstoffen die der Azogruppe im Vordergrund stehen, hängt mit der guten Zugänglichkeit fluorierter aromatischer Verbindungen zusammen. Fluorhaltige Zwischenprodukte in breiter Auswahl sind besonders notwendig für die Forschung zu Pflanzenschutz- und Schädlingsbekämpfungsmitteln, Fluorpharmaka und oberflächenaktiven Verbindungen. Die Umsetzungen zur Gewinnung solcher Zwischenprodukte sind bekannt und beruhen im wesentlichen auf den in 4. geschilderten Grundreaktionstypen.

Bei der Produktion von Monomeren für die Fluorpolymere fallen Nebenprodukte an, die für die Herstellung von Fluortensiden auf dem Wege der Telomerisation geeignet sind. Ein schon lange bekanntes wichtiges Zwischenprodukt ist $CHClF_2$, das vorwiegend durch Cl—F-Austauschreaktion aus Chloroform gewonnen wird und bei thermischer Zersetzung nach

$$CHClF_2 \rightarrow CF_2 + HCl$$

unter Bildung von CF_2-Radikalen zerfällt, die sich zu C_2F_4 vereinigen, dem Ausgangsprodukt für Polytetrafluoräthylen.

3.8. Hilfssubstanzen und Spezialmaterialien für die Mikroelektronik, Elektrotechnik

Auf die hervorragenden physikalischen Eigenschaften von monomeren und polymeren fluorhaltigen Kohlenstoffverbindungen in Zusammenhang mit Mikroelektronik und Elektrotechnik wurde bereits hingewiesen (3.1., 3.2.). Die Verbindung SF_6 setzt die Durchschlagsspannung sehr stark herauf und ist deshalb in der Elektrotechnik unentbehrlich geworden. Die Produktion ist im Weltmaßstab noch im Ansteigen begriffen. SF_6 hat außerdem für die Anwendung sehr günstige chemische Eigenschaften. Die Verbindung ist reaktionsträge, sie hydrolysiert nicht und ist in reiner Form selbst gegenüber schmelzendem Natrium beständig.

Für die herkömmlichen Naßätzreaktionen in der Mikroelektronik hat die Flußsäure vorrangige Bedeutung. Es kommt in allen Fällen bei der Anwendung von Substanzen für Zwecke der Mikroelektronik darauf an, eine hervorragende Reinheit der Verbindungen zu gewährleisten. Das gilt auch für Fluoride und Hydrogenfluoride, die meist als Ammoniumsalze zum Einsatz kommen.

Verbindungen wie BF_3, PF_3, AsF_3, auch PF_5 und AsF_5 sind als Dotiergase für die Halbleiterproduktion in hoher Reinheit erforderlich.

3.9. Brennstoffelemente und Feststoffbatterien

Für die Konstruktion von Brennstoffelementen werden Festelektrolyte benötigt, die einen Ionentransport gewährleisten. Bekannt ist z.B. für diesen Zweck die Verwendung von ZrO_2, das mit CaO dotiert ist. Einschränkend für den Betrieb bei Normaltemperatur ist die geringe Diffusionsgeschwindigkeit. In Fällen, wo der chemisch ablaufende Prozeß keine Oxidbildung ergibt, sondern auf Fluoridbildung beruht, bestehen demgegenüber Vorteile wegen der höheren Beweglichkeit der F^--Ionen. So hat PbF_2 bei ähnlicher Struktur verglichen mit ZrO_2 eine wesentlich bessere Leitfähigkeit, so daß es neben anderen Fluoriden zur Herstellung von Feststoffbatterien herangezogen wird. Die negative Elektrode wird von einem leichten, stark reduzierendem Metall wie Li gebildet, die positive von leicht reduzierbaren Fluorverbindungen, z.B. der Übergangsmetalle oder von bestimmten Graphitfluoriden [4]. Die hohe Bildungsenthalpie von LiF bedingt eine hohe theoretische Spannung des Elements.

3.10. Materialien mit besonderen optischen und magnetischen Eigenschaften

Fluoride weisen in der Regel einen großen Abstand zwischen den Energiebändern auf, so daß Verbindungen mit Elementen niederer Ordnungszahl und solchen, deren d- und f-Niveaus ganz besetzt oder unbesetzt sind, eine hohe Transparenz bis in den UV-Bereich hinein besitzen. Die hohe Lichtdurchlässigkeit erlaubt die Anwendung von Fluoriden als Fenster oder Prismen in optischen Geräten. Zur Verminderung von Reflexionen und Erhöhung der Lichtstärke werden dünne MgF_2-Schichten auf Linsen aufgedampft. Auch für Sonnenzellen werden solche Schichten genutzt. Die Möglichkeit der Variation der Brechzahl spielt dabei ebenfalls eine Rolle.

Wegen ihrer Transparenz sind Fluoride als Wirtsgitter für lumineszierende Ionen gut geeignet, weil das ausgesandte Licht wenig durch unerwünschte Absorption geschwächt wird. Die Vertretbarkeit von Fluorid- durch Oxid-Ionen eröffnet Möglichkeiten zur gezielten Eigenschaftsänderung. Zum Erreichen hoher Emissionsausbeuten sind möglichst hohe Aktivatorkonzentrationen erwünscht. Die Ausbeute nimmt aber ab, wenn kritische Aktivatorkonzentrationen überschritten werden, weil dann Übergänge zwischen den Aktivatorionen eine Energieabgabe in Form von Wärme an das Kristallgitter verursachen. Bei Fluoriden ist die kritische Aktivatorkonzentration viel höher als bei Oxiden, weil die Übergänge zwischen den Aktivatorkationen durch die Fluoridanionen erschwert werden.

Fluoride von Übergangsmetallen haben vielfach Strukturen, bei denen das Metall oktaedrisch von Fluorid umgeben ist.

Die Verknüpfung der Oktaeder kann drei-, zwei- oder eindimensional sein, womit jeweils ein besonderes magnetisches Verhalten verbunden ist, und auch in diesem Fall kann durch einen Austausch von F gegen O Variation der Eigenschaften erreicht werden.

Die hohe Transparenz vieler Fluoride gewährleistet die Nutzung magnetooptischer Effekte. Außerdem soll noch darauf hingewiesen werden, daß bei der Umwandlung von infrarotem in sichtbares Licht Fluoride, die Yb^{3+}- und Er^{3+}-Ionen enthalten, anderen Materialien überlegen sind.

Im zweiwertigen Europium ist das 4f-Orbital halb besetzt, was eine gewisse Stabilität der Elektronenkonfiguration und eine hohe Korrelationsenergie hervorruft. Grundzustand und erster angeregter Zustand sind durch eine große Energiedifferenz getrennt, so daß UV-Emission erreichbar ist. In den Oxiden des Europiums bilden die $5d^1$-Niveaus ein Energieband, daß mit den angeregten $4f^7$-Zuständen überlappt. Bei einigen Fluoriden aber haben die $5d^1$-Niveaus eine so hohe Energie, daß der Übergang zwischen dem angeregten f- und dem d-Zustand in Erscheinung tritt. Das emittierte Licht ist streng monochromatisch und daher für die Entwicklung von Lasern geeignet.

Hochleistungs-Gaslaser beruhen auf der Verwendung von Fluorverbindungen wie NOF.

3.11. Energiefragen

Das leicht flüchtige Uranium(VI)-fluorid wurde von Anfang an als geeignete Verbindung zur Trennung von Uranisotopen verwendet und spielt auch heute noch in der Kernenergiegewinnung eine bedeutende Rolle. Es ist chemisch sehr aggressiv, seine Handhabung erforderte die Entwicklung chemisch inerter Materialien. Polytetrafluoräthylen ist ein Ergebnis dieser Untersuchungen.

Elementares Fluor oder Halogenfluoride, z.B. Bromfluorid, überführen Uranium- und Plutonium-Verbindungen in die Hexafluoride. Das ist die Grundlage für einen Weg der Kernbrennstoffaufbereitung und für die Plutoniumgewinnung, da PuF_6 wie die Uraniumverbindung leicht flüchtig ist.

In diesem Zusammenhang muß erwähnt werden, daß Fluoridschmelzen als flüssige Brennstoffe in Kernreaktoren vorgeschlagen wurden. Diese Entwicklung hat vor allem hinsichtlich der Sicherheit eine Reihe von Vorteilen gegenüber klassischen Reaktoren mit festen Brennstoffen. Außerdem ist die kontinuierliche Entfernung neutronenabsorbierender Spaltprodukte aus dem flüssigen Brennstoff möglich.

Zur Nutzung von Niedrigtemperaturenergie in Wärmepumpen sind die unter 3.1. erwähnten Kühlmittel geeignet. Es gibt aber auch eine Reihe von Hydraten, besonders $KF \cdot 4H_2O$, die als Transportsystem in Wärmepumpen zur Ausnutzung der Erdwärme empfohlen wurden. Neben guten wärmetechnischen Eigenschaften ist die geringe Korrosivität von $KF \cdot 4H_2O$ gegenüber Metallen von Vorteil.

Auf die Nutzung von Fluorverbindungen in Brennstoffzellen und Feststoffbatterien und auf die Verwendung in Solarzellen wurde bereits in 3.9. und 3.10. hingewiesen.

Eine Energieeinsparung durch Erreichen einer höheren Lichtausbeute bei gleicher Energiezufuhr wird durch Einsatz von Halogenlampen gegenüber herkömmlichen Lampen erzielt. Bereits die Nutzung von Iod- oder besser Brom- oder Chlorverbindungen im Wolframhalogenkreisprozeß brachte einen Fortschritt in dieser Richtung. Jedoch führen die thermodynamischen Eigenschaften dieser Verbindungen nicht zu einem echten Ausheilprozeß an den heißesten Stellen der Wolframwendel, weil sie in einem zu niedrigen Temperaturbereich bereits zerfallen. Erst der Wolfram-Fluor-Kreisprozeß, bei dem vor allem die Verbindung WF_2 eine Rolle spielt, ergab die Möglichkeit eines echten Ausheilprozesses, so daß die Fluorlampe unter den Halogenlampen die größte Wirkung erbringt. Ein Problem ist dabei die Modifizierung des klassischen Wolframdrahtes, da die zur Erzeugung eines stabilen, nicht durchhängenden Drahtes benutzten Dotierungen von den Fluorverbindungen angegriffen werden. Es ist auch darauf hinzuweisen, daß Leuchtstofflampen den Halogenlampen in energetischer Hinsicht überlegen sind, was wohl besonders für die Hochvoltlampen zutrifft.

4. *Grundreaktionstypen der Fluorchemie*

Es gibt zwei wesentliche Wege zur Herstellung von Fluorverbindungen, die in der Fluorchemie genutzt werden, der Halogenaustausch und die Direktfluorierung. Beim Halogenaustausch sprechen wir vom einfachen Austausch, wenn ein Halogen gegen ein anderes Halogen ausgetauscht wird. Ein wichtiges industrielles Beispiel aus der Fluorchemie ist die Umwandlung einer C–Cl-Bindung in die C–F-Bindung z. B. mittels HF:

$$\rangle C{-}Cl + HF \rightarrow \rangle C{-}F + HCl$$

Als weiteres Beispiel wird der partielle Austausch an Phosphor(V)-chlorid mittels AsF_3 angeführt:

$$[PCl_4][PCl_6] + 2AsF_3 \xrightarrow{AsCl_3} [PCl_4][PF_6]\downarrow + 2AsCl_3$$

Bei Verwendung von $AsCl_3$ als Lösungsmittel scheidet sich das entstehende Hexafluorophosphat als weißes Pulver aus der Lösung ab.

Wird Halogen gegen ein anderes negatives Element wie Sauerstoff oder gegen eine Elementgruppierung wie OH^-, SH^- ausgetauscht, so ist der Typ des erweiterten Austauschs realisiert:

$$WO_3 + 3\,SOF_2 \rightarrow WF_6 + 3\,SO_2$$

Das System muß in solchen Fällen neben der Halogendonatorwirkung eine Akzeptorfunktion gegenüber dem auszutauschenden negativen Element aufweisen.

Die Direktfluorierung, als zweiter Grundreaktionstyp, besteht in der Einwirkung von elementarem Fluor, z.B.

$$AsF_3 + F_2 \rightarrow AsF_5$$

Wegen der hohen Reaktivität des elementaren Fluors rechnete man früher die Direktfluorierung organischer Verbindungen nicht zu den spezifischen Reaktionen. Inzwischen wurde aber erkannt, daß bei Verwendung von Lösungsmitteln wie CH_3CN, bei Senkung der Reaktionstemperaturen und Verdünnen des Fluors mit Stickstoff, Helium u.a. oder bei Einstellen eines Unterdrucks an Fluor durchaus spezifische Fluorierungsreaktionen in organischen Systemen möglich sind.

Die Elektrofluorierung, bei der in der Regel in flüssigem Fluorwasserstoff unter Anlegen einer Spannung, die knapp unterhalb der Abscheidungsspannung von elementarem Fluor liegt, Verbindungen fluoriert werden, wurde von SIMONS entwickelt, war aber mehr und mehr in den Hintergrund getreten. Jetzt beobachtet man eine Wiederbelebung dieser Methode, sowohl im organischen Bereich als auch in der anorganischen Chemie. Die Gewinnung von Graphitfluoriden für Feststoffbatterien ist eine Anwendung dieser Methode.

4.1. Die homogene und heterogene Austauschkatalyse

Der Hauptanteil des aus Rohstoffen gewonnenen Fluorwasserstoffs wird zur Produktion von Fluorkohlenwasserstoffen und Fluorhalogenkohlenwasserstoffen verwendet. Ausgangsstoffe sind dabei Kohlenstoff-Chlor-Verbindungen oder Kohlenwasserstoff und Chlor, wobei im Reaktionsgemisch die benötigten C—Cl-Verbindungen erzeugt werden. Es werden einfache Halogenaustauschreaktionen mit HF durchgeführt. Die Reaktion

$$\rangle C{-}Cl + HF \rightarrow \rangle C{-}F + HCl$$

bedarf zu ihrer Beschleunigung der Katalyse. Das alte Verfahren der Homogenkatalyse geht auf SWARTS [5] zurück, der gezeigt hat, daß SbF_3Cl_2 in der Lage ist, die C—Cl- in eine C—F-Bindung umzuwandeln. Der Katalysator wird also chlorreicher und kann durch HF im Reaktionsgemisch wieder regeneriert werden.

Auch andere Antimon(V)-chloridfluoride zeigen diese Reaktion. Im einfachen Falle von $SbCl_4F$ handelt es sich um eine S_{N^2}-Reaktion [6], z. B.

$$CCl_4 + SbCl_4F \rightarrow CCl_3F + SbCl_5$$

Das entstehende Antimon(V)-chlorid wird von überschüssigem $SbCl_4F$ gebunden:

$$SbCl_5 + SbCl_4F \rightarrow [SbCl_4][SbCl_5F]$$

Die Homogenkatalyse hat aber Nachteile. Antimon(V)-chloridfluoride dissoziieren oberhalb 80 °C unter Chlorabspaltung. Schwerer austauschende C—Cl-Verbindungen wie solche mit C—C-Bindung, die eine hohe Reaktionstemperatur erfordern, müssen daher unter Cl_2-Druck umgesetzt werden. Der zum Regenerieren der Katalysatoren verwendete Fluorwasserstoff ist nicht frei von Spuren H_2O und SO_2. Dadurch werden Reduktionsreaktionen induziert, die zu sehr stabilen festen Sb(III)-Sb(V)-halogeniden führen. Es kommt zur Verfestigung des Reaktionsgemisches und Reaktorverstopfungen.

Diese Nachteile treten bei der heterogenen Austauschreaktion nicht auf, bei der die C-Cl-Verbindungen an festen Katalysatoren mit HF umgesetzt werden. Als Katalysatoren sind Eisenfluoride, Chromiumfluoride oder z. B. Ni-dotierte Aluminiumfluoride geeignet, die auf Kohleträger oder als solche wie im Falle von AlF_3 zum Einsatz kommen. Eisenfluoride werden bevorzugt verwendet für die Austauschreaktion mit CCl_4 zur Gewinnung von CCl_2F_2. Chromium- und Aluminiumfluoride sind darüber hinaus auch für die Austauschreaktion mit den schwerer reagierenden höheren C—Cl-Verbindungen geeignet [7, 8, 9]. Wichtig ist, daß die Metallionen des Katalysators (Cr, Ni) in verschiedenen Oxydationsstufen vorhanden sind. Für die Austauschreaktion werden am Katalysator folgende Schritte formuliert [8] (Abb. 1).

Bei der Annäherung der C—Cl-Verbindung an den Katalysator und Anlagerung an eine Störstelle erfolgt Polarisation der C—Cl-Bindung (a), ein Schritt, der auch bei der oben erwähnten S_{N^2}-Reaktion mit Antimon(V)-chlorid-fluoriden eine Rolle spielt. Es kommt in der Folge zur Wanderung eines R_3C^+-Kations und zur Ausbildung einer im Vergleich zur C—Cl-Bindung stabileren C—F-Bindung (b). R kann dabei sowohl Chlor als auch einen halogenierten Kohlenstoffrest bedeuten.

Die Desorption der gebildeten C—F-Verbindung wird durch im Gasgemisch vorhandenen Fluorwasserstoff unterstützt (c), der die freiwerdende Stelle besetzt. Es tritt Lockerung der H—F-Bindung, Protonenwanderung an die im ersten Schritt ausgebildete Katalysator-Cl-Bindung und Abspaltung von HCl ein (d). Der Katalysator ist damit zu einem neuen Reaktionszyklus bereit.

Die Adsorption der C—Cl-Verbindung im ersten Reaktionsschritt erfordert eine Akzeptorwirkung der Störstelle. Diese ist mit der hohen Oxydationsstufe

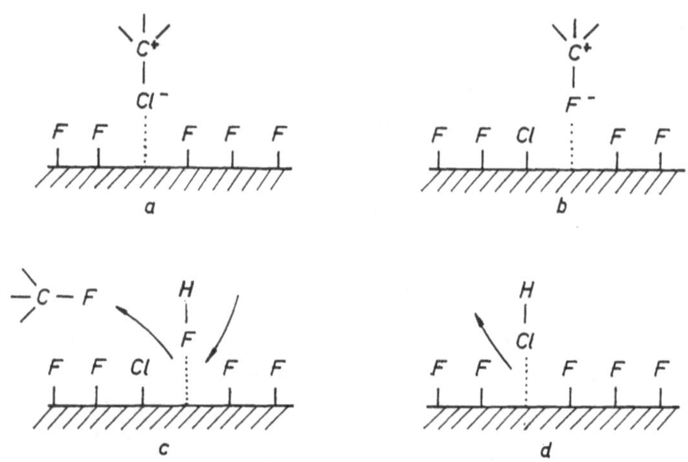

Abb. 1 Reaktionsschema am Katalysator bei der heterogenen Halogenaustauschreaktion

im Katalysator verbunden. Die Desorption wird durch eine geringere Akzeptor- oder durch eine Donatorwirkung begünstigt, die durch die niedrige Oxydationsstufe gewährleistet wird. Da durch Elektronenaustausch die Oxydationsstufen im Katalysator oszillieren können, wird die Wirkung der verschiedenen Oxydationsstufen effektiv. Ein Elektronenaustausch wurde bereits bei der radiochemischen Austauschreaktion an $[SbCl_6]^-$ gefunden, der unter Vermittlung von radioaktivem $[SbCl_5]^{2-}$ erfolgt [10]. Im Falle des Chromiumkatalysators sind die in Wechselwirkung stehenden Oxydationsstufen Cr(III) und wahrscheinlich Cr(V), im Falle des Ni-dotierten Al-Fluorids wurde Ni(III) neben Ni(II) nachgewiesen [11].

Bei der Herstellung von C_2-Verbindungen wie $CF_2Cl-CFCl_2$ wird das als Ausgangsprodukt notwendige Hexachlorethan aus C_2Cl_4 und Cl_2 am Katalysator oder in einer vorgeschalteten Kohleschicht erzeugt, da C_2Cl_6 als fester Stoff bei 186 °C sublimiert und bei direktem Einsatz zu Verstopfungen Anlaß gibt.

Neben den anhand von Abb. 1 erläuterten Austauschreaktionen laufen im Falle von C_2-Verbindungen am Katalysator sowohl Dismutierungsreaktionen, z. B.

$$2\,C_2Cl_3F_3 \rightarrow C_2Cl_2F_4 + C_2Cl_4F_2,$$

als auch Isomerisierungsreaktionen ab [7], z. B.

$$CClF_2-CCl_2F \rightarrow CF_3-CCl_3.$$

Die Anlagerung von HF an C_2Cl_4 ist demgegenüber bei den angewendeten Reaktionsbedingungen ohne Bedeutung. Auch die Pyrolyse der im Reaktionsgemisch vorhandenen Kohlenstoffverbindungen spielt bei den Reaktionstemperaturen von etwa 300–400 °C noch keine Rolle.

Trotz der durch die verschiedenen Reaktionen vorhandenen Tendenz zur Ausbildung komplizierter Gemische kann durch Modifizierung der Katalysatoren und geeignete Reaktionsführung erreicht werden, daß das gewünschte Reaktionsprodukt in hoher Ausbeute und Reinheit entsteht. Es ist z.B. möglich, im Falle von $C_2Cl_3F_3$ das sogenannte symmetrische Isomere $CClF_2-CCl_2F$ in über 99%iger Reinheit zu erhalten, obwohl die Isomerisierung zum asymmetrischen Isomeren thermodynamisch begünstigt ist. Die Bildung des asymmetrischen Isomeren als Zwischenprodukt ist wiederum dann von Vorteil, wenn höher fluorierte Verbindungen wie $C_2Cl_2F_4$ oder C_2ClF_5 hergestellt werden sollen.

Bei allen diesen Umsetzungen handelt es sich um Reaktionen, die vor Erreichen des Gleichgewichtszustandes abgebrochen werden müssen. In jedem Falle wäre das Endprodukt der Reaktion nämlich die vollständig fluorierte Verbindung. Wenn auch Isomerenreinheit erzielt werden kann, so ist es doch verständlich, daß bei der Austauschreaktion Produktgemische erhalten werden, die sich aber leicht trennen lassen, was für die Isomeren nicht zutreffen würde. Auch der eingesetzte Fluorwasserstoff wird in der Reaktion nicht vollständig verbraucht. Er fällt als Gemisch mit HCl an, so daß Aufarbeitungs- und Trennoperationen nachgeschaltet werden müssen. Diese können z.B. in der Umsetzung

$$CaCl_2 + 2HF \rightarrow CaF_2 + 2HCl$$

realisiert werden [12].

5. *Austauschreaktionen an festen Fluorverbindungen*

Beispiele für Austauschreaktionen mit flüssigen und gasförmigen Fluorverbindungen wurden in Abschnitt 4 angeführt. Auf dieses umfangreiche Gebiet soll in dem vorliegenden Bericht nicht speziell eingegangen werden, zumal in der Literatur eine Vielzahl von Arbeiten dazu existieren (vgl. [13]). Vielmehr werden die bislang weniger beachteten Austauschreaktionen mit festen Fluoriden näher betrachtet.

5.1. Einfache Cl–F-Austauschreaktionen mit festen Fluoriden

Diese Reaktionen sind bezüglich der Oberflächenvorgänge in Analogie zu setzen mit den heterogenen Austauschreaktionen für den Fall, daß eine gasförmige Chlorverbindung mit dem Feststoff zur Reaktion gebracht wird. Wichtige Feststoffe in dieser Hinsicht sind die Hexafluorosilikate, die in ihrem

Reaktionsverhalten als repräsentatives Beispiel auch für andere Fluorokomplexe stehen können.

Es wurde festgestellt, daß besonders reaktive Zustände bei beginnender thermischer Zersetzung von Hexafluorosilikaten auftreten. Kaliumhexafluorosilikat weist, wie auch die analogen Verbindungen mit Rb^+-, Cs^+-, Tl^+- und NH_4^+-Ionen, die kubische Antifluoritstruktur auf. Die Verbindungen leiten sich also in ihrem Aufbau vom Fluorit, CaF_2, dadurch ab, daß die Fluoridlagen in CaF_2 durch die Kationen der genannten Hexafluorosilikate eingenommen werden und umgekehrt die Ca^{2+}-Lagen durch $[SiF_6]^-$. In Abb. 2 ist ein

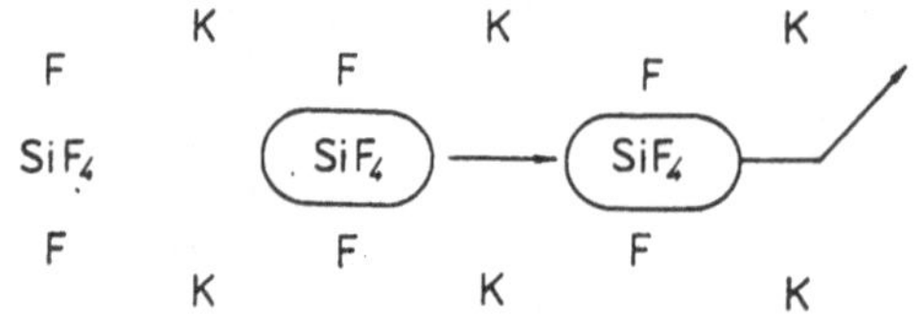

Abb. 2 Schematischer Schnitt durch die $K_2[SiF_6]$-Struktur

schematisierter Schnitt durch die $K_2[SiF_6]^-$-Struktur wiedergegeben. Die SiF_4-Einheiten werden durch darüber- und darunterliegende F^--Teilchen zu Oktaedern ergänzt. Die thermische Zersetzung beginnt in Oberflächennähe, und durch die Abspaltung von SiF_4 entstehen Fehlstellen bisher von anderen Arbeitsgruppen nicht diskutierter Art im Feststoff. Diese Fehlstellen werden von uns als ein Grund für die besondere Reaktivität von Hexafluorosilikat bei beginnender thermischer Zersetzung angesehen. Eine weitere Abspaltung von SiF_4 in der Nachbarschaft einer so entstandenen Fehlstelle hebt die Isotropie in diesem Kristallbereich auf, und wir nehmen an, daß durch die zweite Abspaltung die weitere Abspaltungsrichtung im Kristall vorgegeben wird. Die Abspaltung erfolgt dann bevorzugt in linear zu diesen beiden Fehlstellen angeordneten Oktaedern in der in Abb. 2 angedeuteten Weise, so daß die zurückbleibenden F^-- und K^+-Ionen sich bereits in der Nähe der im Endprodukt der Zersetzung, nämlich im KF, eingenommenen Lagen befinden.

Ein zweiter Grund für die Reaktivität von Hexafluorosilikat bei beginnender thermischer Zersetzung ist mit dem Zustand der abgespaltenen Si—F-Teilchen verbunden. Wir postulieren, daß eine Wanderung von Si^{4+}-Ionen im Gitter nicht erfolgt, sondern daß Si mit Fluor zusammen wandert, daß sich also kollektive Teilchen im Gitter, besonders in Oberflächennähe, bewegen. Das können z. B. SiF_3^+- neben F^--Ionen sein. Diese Spezies müssen aber reaktiver sein als SiF_4 im Grundzustand.

Hinweise für die Gültigkeit dieser Anschauung ergeben sich aus dem Studium der Austauschreaktion von gasförmigem $CHCl_3$ mit $K_2[SiF_6]$ oberhalb 400°C, wobei in erster Fluorierungsstufe $CHCl_2F$ neben KCl ensteht. Pro Einheit $K_2[SiF_6]$ werden mehr als 2 F-Teilchen für den Austausch wirksam, was bedeutet, daß der Austausch nicht nur an den erläuterten Fehlstellen, den Vorprodukten von KF, erfolgt, sondern daß sich Si—F-Spezies mit am Austausch beteiligen [14]. $K_2[SiF_6]$ erweist sich unter sonst gleichen Bedingungen als reaktiver als KF. In Erweiterung der Vorstellung der Wanderung von Si—F-Teilchen im Gitter muß nun auch gefordert werden, daß Si—F-Teilchen aus $K_2[SiF_6]$ in beigemengtes KF einwandern und dieses aktivieren. Der Beweis dafür folgt aus den in Tab. 1 dargestellten Versuchsergebnissen.

Tabelle 1 Vergleich der Wirksamkeit von $K_2[SiF_6]$, $K_2[SiF_6]$/KF-Mischungen und KF in der Austauschreaktion mit $CHCl_3$ unter gleichen Bedingungen (440 °C, 2 h, Substanz in Pt-Schiffchen)

Substanz	Molverhältnis	Ausbeute $CHCl_2F$ (%)
$K_2[SiF_6]$	—	5,1
$K_2[SiF_6]$/KF	1:1	5,6
$K_2[SiF_6]$/KF	1:2	10,2
$K_2[SiF_6]$/KF	1:4	12,9
$K_2[SiF_6]$/KF	1:20	5,7
KF	—	1,3

5.2. Erweiterte Austauschreaktionen mit festen Fluoriden

Die Diskussion dieses Reaktionstyps soll anhand von Fest-Fest-Reaktionen erfolgen. Aus Pulverreaktionen ergibt sich die gute Reaktivität von Al_2O_3 mit $K_2[SiF_6]$ [15]. Die Reaktion setzt merklich bei 500 °C ein. An kristallinen Produkten werden unter diesen Bedingungen gefunden $K[AlF_4]$ und $K_3[AlF_6]$. Bei Erhöhung der Temperatur auf 700 °C tritt $KAlSiO_4$ auf, ein Alumosilikat mit Raumnetzstruktur.

Aus Tablettenreaktionen, bei denen Al_2O_3- und $K_2[SiF_6]$-Tabletten aufeinander gelegt und mit konstantem Druck aneinander gepreßt werden, ist abzuleiten, daß die Wanderungsrichtung der Teilchen von der $K_2[SiF_6]$- in die Al_2O_3-Tablette hinein erfolgt. In den Tablettenreaktionen wurde auch Fluortopas, $Al_2SiO_4F_2$, als Zwischenverbindung gefunden, der in der Reaktionszone im Al_2O_3-Bereich entsteht und mit hinzudiffundierenden K^+- und F^--Ionen weiter reagiert. Dieses Zwischenprodukt zeigt, daß Si—F-Spezies die Reaktion einleiten.

Interessant ist, daß γ-Al_2O_3 im Anfang eine geringere Reaktionsgeschwindigkeit aufweist als α-Al_2O_3, weil offensichtlich im γ-Al_2O_3 vorhandene OH-Gruppen inhibierend wirken.

Die gute Reaktivität des als reaktionsträge geltenden α-Al_2O_3 ist ein deutlicher Hinweis auf die hohe Aktivität der freigesetzten Si—F-Spezies.

Zwischen $Na_2[SiF_6]$ und Al_2O_3 laufen im Prinzip ähnliche Reaktionen wie im System mit $K_2[SiF_6]$ ab. Unterschiede bestehen in bezug auf bestimmte Reaktionsprodukte. Bei den Fluoroaluminaten tritt $Na[AlF_4]$ nicht auf, die Verbindung ist als unbeständig bekannt. Dagegen entsteht Chiolit, $Na_5Al_3F_{14}$, eine im K-System nicht nachgewiesene Verbindung. Als Alumosilikate treten im Na-System Nephelin, $NaAlSiO_4$, und eine Verbindung der wahrscheinlichen Zusammensetzung $Na_6Al_6Si_6O_{24}$ mit einer ultramarin-analogen Struktur auf.

In der Reaktion zwischen WO_3 und $K_2[SiF_6]$ liegt eine besondere Situation vor. Reaktionsprodukte sind $K_3WO_3F_3$ und $K(WO_3)F$. Die Wanderung der Teilchen erfolgt in die WO_3-Kristalle hinein. Jedoch reagieren die Si—F-Spezies, wie auch SiF_4, unter den angewendeten Temperaturbedingungen nicht mit WO_3, so daß nur diffundierende K^+- und F^--Ionen zur Reaktion gelangen. Dadurch erweist sich $K_2[SiF_6]$ in diesem Falle reaktionsträger als KF.

5.3. Die Rolle des Wassers in Hexafluorosilikatreaktionen

Bei 300 °C gibt $K_2[SiF_6]$ die Hauptmenge anhaftenden Wassers ab. Alle Reaktionen wurden mit derart vorgetrockneten Produkten durchgeführt. Eine genaue gaschromatographische Analyse zeigte aber, daß auch bei 450 °C noch Wasserspuren aus dem System entweichen [16]. Dies trifft wahrscheinlich auch auf andere Feststoffe zu. Die Frage ist nun, wie weit Restmengen an OH-Gruppen die Festkörperreaktivität in solchen Systemen beeinflussen. In Oxidsystemen ist diese Frage wegen der schwierigen Entfernung von OH-Gruppen nicht ohne weiteres zu lösen. In perfluorierten Verbindungen wie $K_2[SiF_6]$ kann durch Einwirken von elementarem Fluor eine effektive Entfernung von OH-Gruppen erreicht werden. Derartige Versuche sind geeignet, weiteres Licht in die Vorgänge der Reaktion von Wasserspuren bei Festkörperumsetzungen zu werfen.

5.4. Erweiterung der aufgestellten Reaktionskonzeption

Die bei Hexafluorosilikaten entwickelte Fehlordnungsvorstellung ist ohne weiteres auf andere komplexe Fluoride zu übertragen, wie auch auf andere Halogenokomplexe. Es muß aber auch bedacht werden, daß im Prinzip komplexe Oxosysteme wie Carbonate, Phosphate, Sulfate usw. durchaus nach der gleichen Konzeption zu behandeln sind. Die Untersuchung ihrer Reaktivität bei thermischer Zersetzung sollte ebenfalls zu Hinweisen über erhöhte Aktivität der zurückbleibenden Grundsubstanz sowie der transportierten Teilchen führen.

6. *Schlußbetrachtung*

Die zahlreichen relevanten Anwendungsmöglichkeiten von Fluorverbindungen erschweren die Aussage über spezifische Entwicklungsrichtungen in der Fluorchemie, deren Ausbau für die Zukunft Bedeutung hat. Dessen ungeachtet läßt sich aber abschätzen, daß der Beitrag der Fluorchemie zur Energiegewinnung und -einsparung (z.B. Herabsetzen von Reibungsverlusten) an Bedeutung zunimmt. Ein weiteres Gebiet, daß in der Forschung steigende Beachtung finden wird, betrifft die Fluorpharmaka einschließlich der Problematik der Blutersatzstoffe. Als drittes Gebiet ist die Feststoffchemie der Fluorverbindungen zu nennen, das zum Teil mit dem ersten in Verbindung steht. Fluor gehört zu den wichtigsten Elementen, deren Rohstoffvorräte sorgfältig und sparsam zu behandeln sind, damit auch in Zukunft ihr Einsatz an den Stellen gewährleistet ist, wo sie unentbehrlich sind.

Literatur

[1] F. Lombardo: J. Fluorine Chem. **18**, 1 (1981).
[2] H. Meinert: Fluorchemie, WTB-Reihe, Bd. 126, Berlin, Akademie-Verlag, Berlin 1979.
[3] J. G. Riess, M. Le Blanc: Angew. Chem. **90**, 654 (1978).
[4] J. Portier: Angew. Chem. **88**, 524 (1976).
[5] F. Swarts: Bull. Classe Sci. Acad. Roy. Belg. **24**, 309 (1892); ibid.; **29**, 874 (1895).
[6] L. Kolditz, S. Schultz: J. Fluorine Chem. **5**, 141 (1975).
[7] L. Kolditz, G. Kauschka, W. Schmidt: Z. anorg. allg. Chem. **434**, 41 (1977).
[8] L. Kolditz, U. Calov, G. Kauschka, W. Schmidt: Z. anorg. allg. Chem. **434**, 55 (1977).
[9] M. Vecchio, G. Gropelli, J. C. Tatlow: J. Fluorine Chem. **4**, 117 (1974).
[10] L. Kolditz, W. Röhnsch: Z. anorg. allg. Chem. **318**, 17 (1962).
[11] L. Kolditz, V. Nitzsche, G. Heller, R. Stösser: Z. anorg. allg. Chem. **476**, 23 (1981).
[12] D. Hass, E. Kemnitz: Z. anorg. allg. Chem. **455**, 99 (1979),
[13] L. Kolditz, G. Kauschka: In: Neuere Entwicklungen der Anorganischen Chemie, VEB Deutscher Verlag der Wissenschaften, Berlin 1974.
[14] L. Kolditz, F. Janiak, W. Wilde, S. Sciesielski, S. Feist: Z. anorg. allg. Chem. **452**, 43 (1979).
[15] L. Kolditz, U. Thielsch: Z. Chem. **19**, 229 (1979); L. Kolditz, U. Bentrup: Z. anorg. allg. Chem. im Druck.
[16] L. Kolditz, V. Nitzsche: noch unveröffentlicht.

A. W. Fokin, Ju. N. Studnev und A. I. Rapkin

Reaktionen des Chlorfluorosulfats und des Peroxydisulfuryldifluorids

Peroxydisulfuryldifluorid und Chlorfluorosulfat gewannen erst in jüngster Zeit größeres Interesse. Ihre hohe Reaktivität ermöglicht eine Reihe von Reaktionen, die bisher unzugänglich waren. Jodfluorosulfat hingegen wurde bisher in Reaktionen mit organischen Verbindungen praktisch nicht untersucht.

Die untersuchten Halogenfluorosulfate und das Peroxydisulfuryldifluorid sind ähnliche Verbindungen, obwohl erstere stark ausgeprägte Elektrophile sind und beim zweiten gewöhnlich der Radikalcharakter überwiegt.

Chlorfluorosulfat addiert außerordentlich leicht, sogar bei Temperaturen unter $-70°C$, an die Doppelbindung perchlorierter [1] und perfluorierter [2, 3] Olefine und an Bis(trifluormethyl)keten [3].

$$ClOSO_2F + \rangle C{=}C\langle \rightarrow ClC{-}COSO_2F$$

$$\rangle C{=}C\langle : CClH{=}CCl_2,\ CCl_2{=}CCl_2,\ CF_2{=}CF_2,\ CF_2{=}CFH,\ CF_2{=}CFCl, \quad (1)$$

$$CF_3CF{=}CF_2,\ (CF_3)_2C{=}CF_2,\ CF_3CF{=}CFC_2F_5,\ (CF_3)_2C{=}CO \text{ und andere}$$

Jodfluorosulfat ist wesentlich weniger aktiv als sein Chloranaloges und reagiert mit Fluorolefinen bei Temperaturen von 20–47°C.

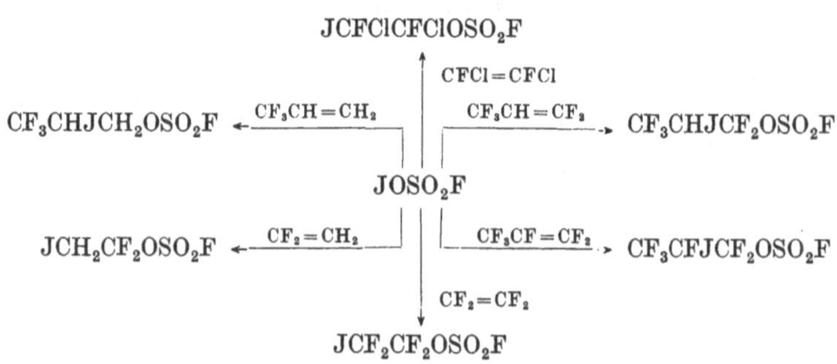

(2)

Zum Additionsprodukt von Jodfluorosulfat an Perfluorbuten gelangt man nur in 27 proz. Ausbeute bei langem Stehen des Reaktionsgemisches bei Temperaturen von 20–25 °C.

$$JOSO_2F + (CF_3)_2C{=}CF_2 \rightarrow (CF_3)_2JCCF_2OSO_2F \qquad (3)$$

Mit Perfluorcyclobuten reagiert Jodfluorosulfat überhaupt nicht. Gegenüber Bis(trifluormethyl)keten zeigt es hingegen eine unerwartete Aktivität, die mit der gegenüber Tetrafluorethan vergleichbar ist.

$$\xleftarrow{\boxed{Fl}} \times\!\!- JOSO_2F \xrightarrow{(CF_3)_2C=C=O} (CF_3)_2CJC{\begin{smallmatrix} \nearrow O \\ \searrow OSO_2F \end{smallmatrix}} \qquad (4)$$

Bei der Reaktion von Jodfluorosulfat mit Trifluor- oder Chlortrifluorethylen entstehen, wie im Falle der Chlorfluorosulfat-Umsetzung [3], Gemische von Regioisomeren.

$$JOSO_2F \begin{cases} \xrightarrow{CF_2=CFH} JCFHCF_2OSO_2F + JCF_2CHFOSO_2F \\ \xrightarrow{CF_2=CFCl} JCF_2CFClOSO_2F + JCFClCF_2OSO_2F \end{cases} \qquad (5)$$

Eine noch geringere Aktivität gegenüber Fluorolefinen besitzen Nitro- und Nitrosofluorosulfate. Sie addieren an Tetrafluorethylen nur in Fluorsulfonsäurelösung.

$$\begin{array}{l} XOSO_2F + CF_2 = CF_2 \xrightarrow{HSO_3F} XCF_2CF_2OSO_2F \\ X = O_2N, ON \end{array} \qquad (6)$$

Die Reaktivität von Peroxydisulfuryldifluorid gegenüber Fluorolefinen ist etwas geringer als die des Chlorfluorosulfats, aber wesentlich höher als die des Jodfluorosulfats. So reagiert das Peroxydisulfuryldifluorid exotherm mit Transperfluorethenen unter Bildung von Gemischen der entsprechenden treo- und erythro-Isomeren [4].

$$S_2O_6F_2 + \begin{smallmatrix} CF_3 \\ F \end{smallmatrix}\!\!>C = C<\!\!\begin{smallmatrix} F \\ R \end{smallmatrix} \rightarrow \begin{array}{c} CF_3CFCRFOSO_3F \\ | \\ OSO_2F \end{array}$$

$$R = C_2F_5,\ C_3F_7,\ CF(CF_3)_2 \qquad (7)$$

Bei der Umsetzung von Chlorfluorosulfat mit Acetylen in einer Freon-113-Lösung bei −30 bis −25 °C kommt es zur vollständigen Sättigung der Dreifachbindung. Es entsteht hierbei praktisch nur eine Verbindung mit einer kleinen Verunreinigung (5–7%) durch das symmetrische Isomere.

$$ClOSO_2F + CH{\equiv}CH \rightarrow Cl_2CHCH(OSO_2F)_2 + \begin{array}{c} FSO_2OCHCl \\ | \\ FSO_2OCHCl \end{array} \qquad (8)$$

Am Beispiel des Perfluorbut-2-ins gelang es mit relativ hoher Ausbeute (etwa 60%) das Monoadditionsprodukt des Chlorfluorosulfats zu isolieren. Die vollständige Sättigung der Dreifachbindung führt zu einem Gemisch aus dem symmetrischen und unsymmetrischen Isomeren im angenäherten Verhältnis von 2:3.

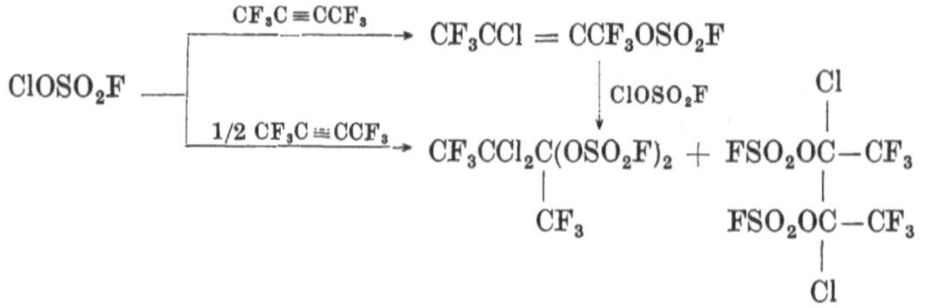

(9)

Der starke Anstieg der Menge des symmetrischen Isomeren im Falle der Perfluorbut-2-in-Umsetzung im Vergleich zur Acetylen-Umsetzung ist möglicherweise mit der Erhöhung des Einflusses sterischer Faktoren verbunden. Addukte von Chlorfluorosulfat mit Propin oder 2,2-Dimethyl-pent-3-in konnten auf Grund ihrer Instabilität auch bei Temperaturen von −50 bis −40 °C nicht erhalten werden.

$$\begin{array}{l} ClOSO_2F + CH_3C{\equiv}CR \xrightarrow{-50^\circ-(-40^\circ)} \text{Verharzung} \\ R = CH_3,\ C(CH_3)_3 \end{array} \qquad (10)$$

Chlorfluorosulfat reagiert auf Grund seiner außerordentlich hohen Elektrophilie energisch mit Verbindungen, die eine C -- N-Doppel- oder Dreifachbindung enthalten. So ergibt es ebenso wie Bromfluorosulfat schon bei −70 °C ein Addukt mit Pentafluorguanidin [5].

$$\begin{array}{l} XOSO_2F + FN = C(NF_2)_2 \xrightarrow{-70^\circ} XFNC(NF_2)_2OSO_2F \\ X{=}Cl,\ Br \end{array} \qquad (11)$$

Im Falle des N-Fluorimins des Hexafluoracetons hingegen wird bei der Umsetzung mit Chlorfluorosulfat bei −78 °C das F-Atom unter Erhalt der Doppelbindung substituiert [6].

$$ClOSO_2F + (CF_3)_2C = NF \xrightarrow{-78^\circ} (CF_3)_2C = NOSO_2F \qquad (12)$$

Bei der Reaktion von Chlorfluorosulfat mit äquimolaren Mengen von Nitrilen halogen-nitro-substituierter [7] und perfluorierter Carbonsäuren entstehen die entsprechenden N-Chlor-iminoacetylfluorosulfate mit hohen Ausbeuten.

$$\begin{array}{l} ClOSO_2F + RC{\equiv}N \rightarrow RC\begin{smallmatrix} {/\!\!/} NCl \\ \diagdown OSO_2F \end{smallmatrix} \\ R = CF_3,\ CF_3OCF_2,\ C_3F_7,\ C_4F_9,\ CF_2NO_2,\ C(NO_2)_2F,\ CCl(NO_2)_2 \end{array} \qquad (13)$$

Im Falle des Chlormonofluorids [8] und des Peroxydisulfuryldifluorids [9] konnten die Monoadditionsprodukte nicht dargestellt werden, da es hier zur vollständigen Sättigung der Perfluornitril-Dreifachbindung kommt. Unsere Versuche, die Dreifachbindung bei der Umsetzung mit Chlorfluorosulfat vollständig zu sättigen, blieben hingegen erfolglos.

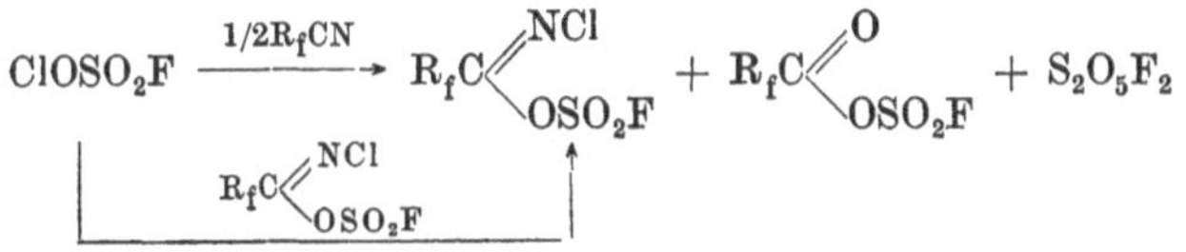

(14)

Dieses Ergebnis könnte damit erklärt werden, daß das Produkt mit vollständig gesättigter Dreifachbindung gegenüber dem Chlorfluorosulfat eine höhere Reaktivität als das entsprechende intermediäre Chlorimin besitzt.

$$\mathrm{R_fCN \xrightarrow{ClOSO_2F} R_fC{\genfrac{}{}{0pt}{}{\nearrow NCl}{\searrow OSO_2F}} \xrightarrow{ClOSO_2F} [R_fC(OSO_2F)_2NCl_2] \xrightarrow{ClOSO_2F} R_fC{\genfrac{}{}{0pt}{}{\nearrow O}{\searrow OSO_2F}} + S_2O_5F_2 + [NCl_3]} \quad (15)$$

Im Gegensatz zu früheren Arbeiten [10] gelang uns die Addition von Peroxydisulfuryldifluorid an Perfluor-2-azapropen.

$$\mathrm{S_2O_6F_2 + CF_3N = CF_2 \rightarrow FSO_2OCF_2NCF_3OSO_2F} \quad (16)$$

Einige Umsetzungen des Chlorfluorosulfats und des Peroxydisulfuryldifluorids kann man als Oxydationsreaktionen auffassen.

Alkyljodide werden z. B. mit Peroxydisulfuryldifluorid schon bei -50 bis $-40\,^\circ\mathrm{C}$ unter Bildung der entsprechenden Derivate des dreibindigen Jods oxydiert. Diese zerfallen dann bei Erhöhung der Temperatur in Alkylfluorosulfate und Jodfluorosulfate [11].

$$\mathrm{S_2O_6F_2 \xrightarrow[-50^\circ-(-40^\circ)]{RJ} [RJ(OSO_2)F_2] \xrightarrow{-30^\circ-(20^\circ)} ROSO_2F + JOSO_2F}$$
$$\mathrm{R = CH_3,\ CF_3,\ C_3F_7} \quad (17)$$

Einen ähnlichen Charakter hat anscheinend auch die Reaktion von Chlorfluorosulfat mit 1-Nitro-2-nitroso-tetra-fluorethan.

$$\mathrm{O_2NCF_2CF_2NO + ClOSO_2F \rightarrow \left[O_2NCF_2CF_2\overset{+}{N}{\genfrac{}{}{0pt}{}{\nearrow O}{\searrow Cl}} \cdot SO_3F^-\right] \rightarrow O_2NCF_2CF_2Cl + ONSO_3F} \quad (18)$$

Für Peroxydisulfuryldifluorid und Chlorfluorosulfat sind Substitutionsreaktionen ebenfalls charakteristisch. So werden H-Atome sogar in Polyfluoralkanen äußerst leicht von Peroxydisulfuryldifluorid substituiert [7, 12]. Wir konnten zeigen, daß Chlorfluorosulfat unter relativ milden Bedingungen sogar in Freonen [13, 15] Halogen gegen die Fluorsulfurylgruppe tauscht [1, 13, 14].

$$ClOSO_2F \begin{cases} \xrightarrow{RCH_2Cl} RCH_2OSO_2F \\ \xrightarrow{ClCOOSO_2F,\ Kat.\ HSO_3F} CO + S_2O_5F_2 + Cl_2 \\ \xrightarrow{R_fCOCl,\ Kat.\ HSO_3F} R_fCOOSO_2F \end{cases} \quad (19)$$

$R = Cl, ClCH_2CH_2$, COOEt, COOBu und andere

$R_f = CF_3, C_3F_7, C_4F_9, C_8F_{17}$

$$ClOSO_2F \xrightarrow{Kat.\ HSO_3F} \begin{cases} \xrightarrow{CCl_2F_2,\ 70-80^\circ} ClF_2OSO_2F + CF_2(OSO_2F) \\ \xrightarrow{CCl_2FCCl_2F,\ 35-45^\circ} CCl_2FCClFOSO_2F \\ \xrightarrow{CClF_2CFCl_2,\ 35-45^\circ} CClF_2CFClOSO_2F \\ \xrightarrow{CClF_2CFCl_2,\ 85^\circ} CClF_2CF(OSO_2F)_2 \end{cases} \quad (20)$$

Dabei wurde festgestellt, daß dieser Prozeß durch Fluorsulfonsäure katalysiert wird. Fluorsulfonsäure katalysiert ebenfalls die Reaktion von Peroxydisulfuryldifluorid mit Freon-113, die erst bei 150°C abläuft [13].

$$S_2O_6F_2 + CFCl_2CF_2Cl \xrightarrow{Kat.\ HSO_3F,\ 150^\circ} CF_2ClCFClOSO_2F \quad (21)$$

Diese Tatsache ist ein klares Zeugnis der geringeren Aktivität des Peroxydisulfuryldifluorids im Vergleich mit Chlorfluorosulfat in Halogen-Substitutionsreaktionen.

Chlorfluorosulfat zeigt sein starkes Chlorierungsvermögen auch bei der Umsetzung mit α,α-Dihydro-polyfluoralkoholen [16] oder Perfluorcarbonsäureamiden.

$$R_fC(=O)NCl_2 \xleftarrow{R_fC(=O)NH_2} ClOSO_2F \xrightarrow{RCH_2OH} RCH_2OCl \quad (22)$$

$R_f = CF_3, C_3F_7,$

$R = O_2NCF_2, H(CF_2)_n, n = 2,4,6$

Es ist interessant, daß die gebildeten Hypochlorite, besonders die höheren, trotz des Vorhandenseins von α-H-Atomen keine Explosiveigenschaften haben und unter wasserfreien Bedingungen ausreichend stabil sind.

Recht außergewöhnlich reagiert das Peroxydisulfuryldifluorid mit Perfluorcarbonsäureamiden [17].

$$2\,S_2O_6F_2 + RC(=O)NH_2 \rightarrow RC(=O)N(OSO_2F)_2 + 2\,HSO_3F \quad (23)$$

$R = CF_3, C_3F_7, C_6F_{13}$

Das liegt an der relativ geringen Stabilität der entstehenden N,N-Bis (fluorsulfat)amide, die sich offensichtlich schon während der Reaktion und bei der Isolierung in die entsprechenden Perfluoralkylfluorosulfate umlagern [17].

$$CF_3C(=O)N(OSO_2F)_2 \rightarrow CF_3OSO_2F + [OCNOSO_2F] \qquad (24)$$

Zu den ungewöhnlichsten Ergebnissen führen die Reaktionen von Chlorfluorosulfat oder Peroxydisulfuryldifluorid mit aromatischen Verbindungen. So setzt sich Chlorfluorosulfat schon bei —20 bis —25 °C energisch mit Perfluorbenzen um. Durch Erhöhung der Temperatur und Verwendung der entsprechenden Menge Chlorfluorosulfat gelangt man zu Bis- und Trisadditionsprodukten an Hexafluorbenzen [18].

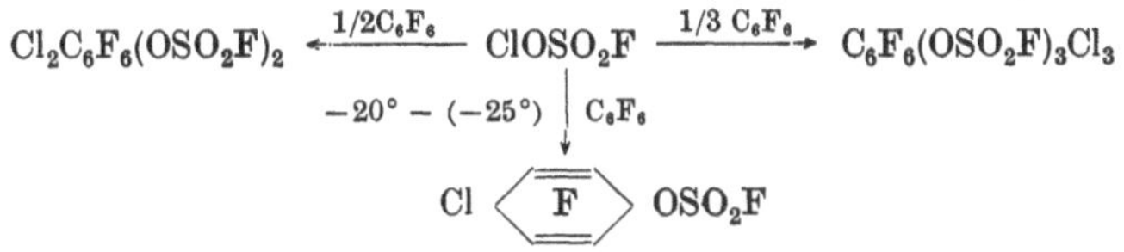

(25)

Analoge Ergebnisse werden im Falle des Peroxydisulfuryldifluorids erhalten, wobei es allerdings eine etwas geringere Aktivität zeigt [18].

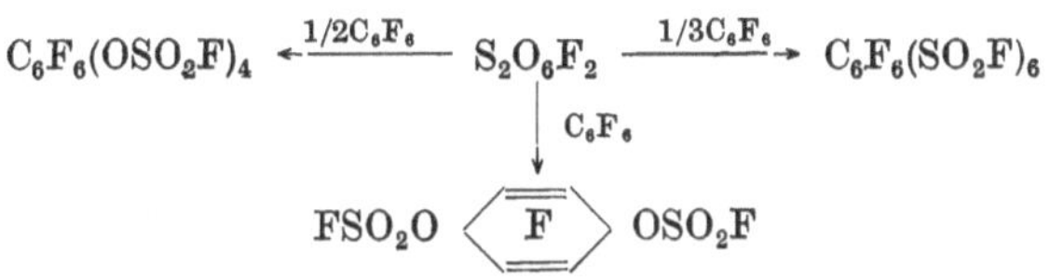

(26)

Im Gegensatz zum Chlorfluorosulfat wandelt sein Hexafluorantimonat Hexafluorbenzen zum Benzenimin-Ion um, das bei Hydrolyse das entsprechende Keton und mit Pentafluorbenzen Dekafluordiphenyl ergibt [19].

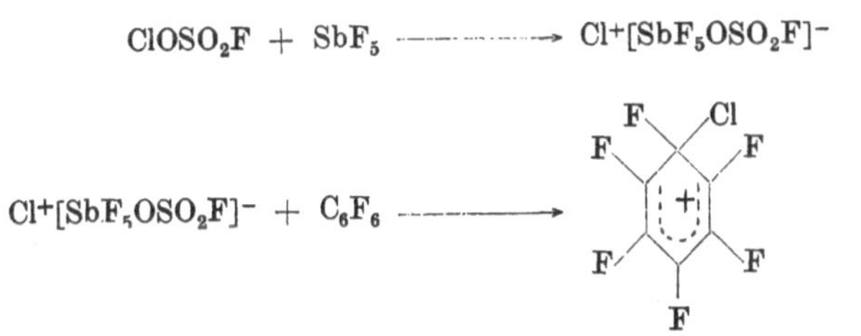

(27)

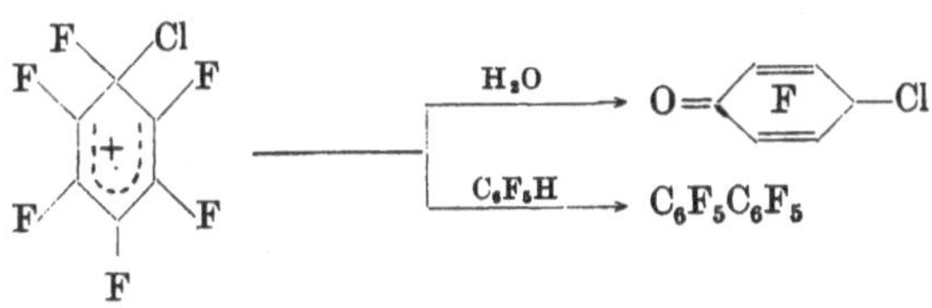

Dieser Komplex wurde erfolgreich zur Chlorierung wasserstoffhaltiger polyfluoraromatischer Verbindungen eingesetzt [19].

$$CL^+[SbF_5OSO_2F]^- \begin{cases} \xrightarrow{C_6F_5H} C_6F_5Cl \\ \xrightarrow{4-HC_6F_4C_6F_4H-4'} 4-ClC_6F_4C_6F_4Cl-4' \end{cases} \quad (28)$$

Die Umsetzung von Chlorfluorosulfat mit Benzen verläuft erst bei $-100\,°C$ glatt. Trotz dieser niedrigen Temperatur und eines Benzenüberschusses (1:1,5) wird Hexachlorbenzen überraschender Weise in etwa 80 proz. Ausbeute erhalten [20].

$$\underset{}{ClOSO_2F} + \underset{(\text{Überschuß})}{C_6H_6} \xrightarrow{-100°} C_6Cl_6 \quad (29)$$

Genauso leicht läßt sich bei $-25\,°C$ Trichlorbenzen zu Hexachlorbenzen und Nitrobenzen in 60proz. Ausbeute zu Pentachlornitrobenzen chlorieren. Aus 1,3-Dinitro-benzen kann hingegen sogar bei $25\,°C$ nur 2,4-Dinitro-chlorbenzen dargestellt werden.

$$ClOSO_2F \begin{cases} \xrightarrow{1,3,5-Cl_3C_6H_3;\ -25°} C_6Cl_6 \\ \xrightarrow{C_6H_5NO_2} C_6Cl_5NO_2 + C_6Cl_4HNO_2 + C_6Cl_3H_2NO_2 + C_6Cl_2H_3NO_2 + C_6ClH_4NO_2 \\ \xrightarrow{1,3-(O_2N)_2C_6H_4;\ 25°} 2,4-(O_2N)_2C_6H_3Cl \end{cases} \quad (30)$$

Peroxydisulfuryldifluorid reagiert ebenfalls gut mit aromatischen Verbindungen. Es fluorosulfuryliert Ethylnitrobenzene schon bei $-40\,°C$ am Kern, was sich mit seinem radikalischem Charakter nicht vollständig erklären läßt.

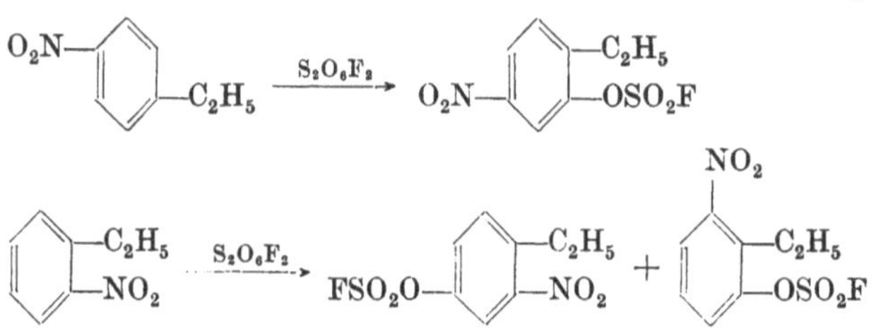

(31)

Eine interessante Stoffklasse sind die Hypochlorite von fluorierten Alkoholen, die allerdings weniger reaktiv sind als das Chlorfluorosulfat. Sie addieren in stark exothermer Reaktion an Tetrafluorethylen, setzen sich aber nicht mit dem stärker elektrophilen Perfluorethen um [16].

$$R_fCH_2OCl + CF_2 = CF_2 \rightarrow R_fCH_2OCF_2CF_2Cl$$
$$R_f = H(CF_2)_4,\ H(CF_2)_6,\ O_2NCF_2 \quad (32)$$

Die Addition der genannten Hypochlorite an Perfluorpropylen oder Bis-(trifluormethyl)keten gelingt in Gegenwart eines sauren Katalysators (z.B.

1,1,3-Trihydrotetrafluorpropyl-sulfat). Die Umsetzung mit Perfluorisobutylen gelingt hingegen nicht [16].

$$HCF_2CF_2CH_2OCl \xrightarrow{CF_2=CFCF_3,\ H^+} HCF_2CF_2CH_2OCF_2CFClCF_3$$
$$HCF_2CF_2CH_2OCl \xrightarrow[\times]{CF_2=C(CF_3)_2,\ H^+}$$
$$HCF_2CF_2CH_2OCl \xrightarrow{(CF_3)_2C=C=O,\ H^+} (CF_3)_2CClCOOCH_2CF_2CF_2H \qquad (33)$$

An substituierte Olefine lagern sich die Polyfluoralkylhypochlorite erwartungsgemäß sehr energisch an.

$$H(CF_2)_4CH_2OCl + CH_2=CHC_5H_{11} \rightarrow H(CF_2)_4CH_2OCH(CH_2Cl)(C_5H_{11}) \qquad (34)$$

In Gegenwart eines sauren Katalysators ließen sich die Hypochlorite der Polyfluoralkohole ebenfalls an perchlorierte Isocyanate und Nitrile addieren [21].

$$H(CF_2)_4CH_2OCl \xrightarrow{CF_3NCO,\ H^+,\ 70-75^\circ} CF_3NClC(=O)OCH_2(CF_2)_4H$$
$$H(CF_2)_4CH_2OCl \xrightarrow{C_3F_7CN,\ H^+,\ 110-115^\circ} C_3F_7C(=NCl)OCH_2(CF_2)_4H \qquad (35)$$

Die Hypochlorite der Perfluoralkohole reagieren, im Gegensatz zum Chlorfluorosulfat, weder mit Dichlor- noch mit Dibromethan und chlorieren Benzen nur zum Chlorbenzen. Ihre Anwendung als Chlorierungsmittel in wasserfreiem Medium kann aber günstiger sein als die des Chlorfluorosulfats, da bei der Umsetzung die relativ inerten fluorierten Alkohole und nicht Fluorsulfonsäure entstehen.

Von ebensolchem Interesse wie die betrachteten Hypochlorite sind viele Fluorsulfonsäurederivate, die bei Umsetzungen von Chlorfluorosulfat oder Peroxydisulfuryldifluorid entstehen.

So sind die Acylierung von Benzen mit Chlorcarbonylfluorosulfat (Additionsprodukt von $ClOSO_2F$ und Kohlenmonoxid) bei Raumtemperatur [1] und die Alkylierung von Aminen bei Raumtemperatur oder von Benzen bei Temperaturen unter 0 °C ohne Katalysatoren mit dem instabilen in situ hergestelltem Ester der Fluorosulfurylessigsäure [14] völlig neue Reaktionen.

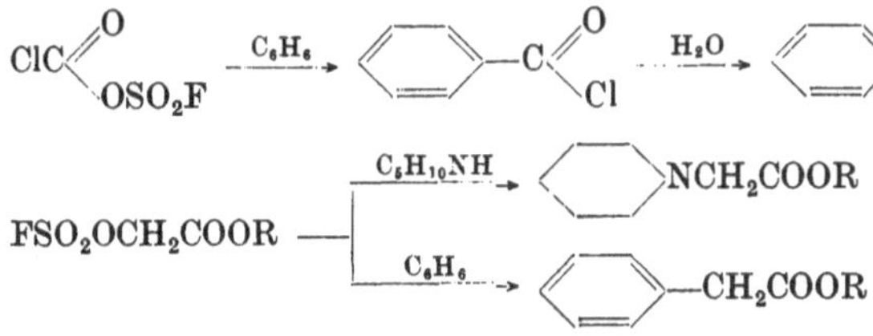

(36)

Recht ungewöhnlich ist auch das Reaktionsverhalten von (4-Chlor-perfluorcyclohexa-2,5-dien-yl)fluorosulfat, das durch Addition von Chlorfluorosulfat an Perfluorbenzen dargestellt wurde [18]. Bei der Hydrolyse dieser Verbindung entsteht neben 4-Chlor-cyclohexa-2,5-dien-on auch 1-Chlor-hexafluorcyclohexa-2,5-dien.

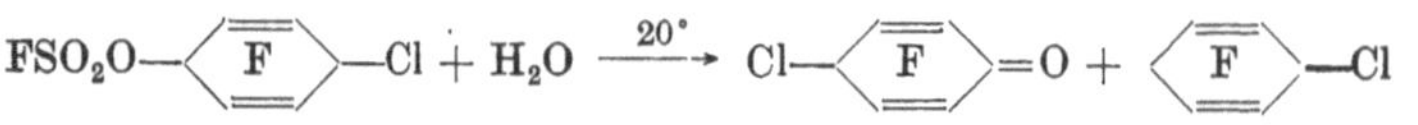

(I) (II) (III) (37)

Die letztere Richtung der Bildung einer Fluoralkylverbindung aus Fluorosulfat ist das erste Beispiel in der Fluorosulfat-Reihe und ist früher nur bei der Spaltung von Fluorsulfinsäuren beobachtet worden [23]. Die Struktur des Diens(III) wurde sowohl mit IR- und ^{19}F-NMR-Spektren als auch durch die Oxydation des Diens zu Difluor- und Chlorfluormalonsäure belegt.

Bei der Umsetzung des Esters (I) mit Alkoholen entstehen recht stabile Ketale des Cyclohexadienons, wobei unter der Einwirkung eines Äquivalents Alkohol erst die Substitution des F-Atoms im Fluorosulfurylrest stattfindet.

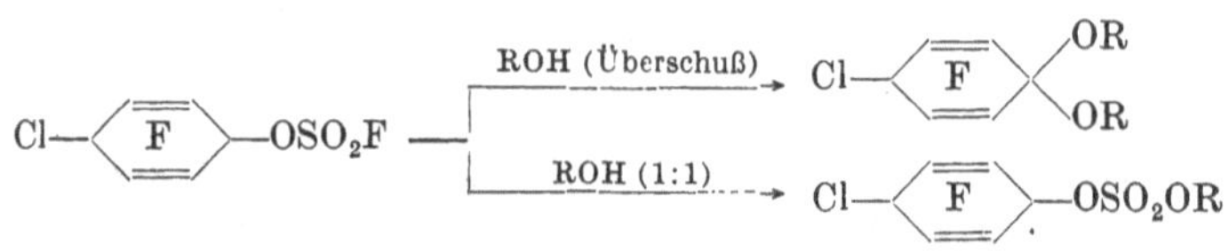

(38)

Die aufgezeigten Reaktionen lassen das Chlorfluorosulfat und das Peroxydisulfuryldifluorid als Reagenzien mit einer großen Perspektive hinsichtlich ihrer synthetischen Anwendung erscheinen. Viele auf dieser Basis dargestellten Verbindungen sind ausreichend reaktiv für eine weitere Verwendung in der Synthesechemie.

Von theoretischer Seite ist das Chlorfluorosulfat zweifellos von großem Interesse im Hinblick auf eine leichte Addition nicht nur an Fluorolefine, sondern auch an Perfluorbenzen, sowie seine hohe Aktivität bei der Substitution von Halogenatomen (in dieser Reaktion spielt die Fluorsulfonsäure eine entscheidende Rolle) und der vollständigen Aromatenchlorierung bei Temperaturen unter 0 °C.

Bei den Umsetzungen des Peroxydisulfuryldifluorids ist der Einfluß der Fluorsulfonsäure sowie die ausschließlich am aromatischen Kern erfolgende Substitution in den Ethylnitrobenzenen nicht ausreichend erklärbar.

Abschließend muß man bei der Betrachtung des gesamten dargelegten Materials einschätzen, daß die Arbeiten mit Halogenfluorosulfaten und Peroxydisulfuryldifluorid sowohl in praktischer als auch in theoretischer Hinsicht eine große Perspektive haben.

Literatur

[1] A. V. FOKIN, A. D. NIKOLAEVA, JU. N. STUDNEV, A. I. RAPKIN, L. D. KUZNECOVA: Izv. Akad. Nauk SSSR, Ser. chim., **1975**, 1000.

[2] A. V. FOKIN, JU. N. STUDNEV, L. D. KUZNECOVA, V. L. RUD: Izv. Akad. Nauk SSSR, Ser. chim., **1974**, 471.

[3] A. V. FOKIN, JU. N. STUDNEV, L. D. KUZNECOVA, I. N. KROTOVIČ: Izv. Akad. Nauk SSSR, Ser. chim., **1978**, 649.

[4] M. A. KURYKIN, L. S. GERMAN, JU. N. STUDNEV, A. V. FOKIN: Izv. Akad. Nauk SSSR, Ser. chim., **1980**, 1679.

[5] A. V. FOKIN, V. A. KOMAROV, A. T. UZUN, JU. N. STUDNEV, A. M. GUKOV, S. V. ŠIROKOV: Izv. Akad. Nauk SSSR, Ser. chim., **1975**, 727.

[6] A. V. FOKIN, A. M. GUKOV, JU. N. STUDNEV, V. A. KOMAROV, I. N. KROTOVIČ, A. T. UZUN: Izv. Akad. Nauk SSSR, Ser. chim., **1977**, 2388.

[7] A. V. FOKIN, JU. N. STUDNEV, A. I. RAPKIN, L. D. KUZNECOVA, V. A. KOMAROV: Izv. Akad. Nauk SSSR, Ser. chim., **1976**, 489.

[8] HYNES, J., T. AUSTIN: Inorg. Chem., 1966, **5**, 488.

[9] R. L. KIRCHMEIER, U. J. LASOURIS, J. M. SHREEVE: Inorg. Chem. 1975, **14**, 592.

[10] R. A. DE MARCO, J. M. SHREEVE: In: Advances in inorganic chemistry and radiochemistry, Ed. by Emeleus H. J. and Sharp A. G., N. Y.-London Acad. Press., 1974, p. 109.

[11] A. V. FOKIN, JU. N. STUDNEV, A. I. RAPKIN, T. M. POTARINA, L. D. KUZNECOVA: Izv. Akad. Nauk SSSR, Ser. chim., **1980**, 2641.

[12] C. G. KRESPAN: J. Fluorine Chem., 1972, **2**, 173.

[13] A. V. FOKIN, JU. N. STUDNEV, A. I. RAPKIN, L. D. KUZNECOVA, O. V. VERENIKIN, I. N. KROTOVIČ: Izv. Akad. Nauk SSSR, Ser. chim., **1976**, 2422.

[14] A. V. FOKIN, JU. N. STUDNEV, I. N. KROTOVIČ, L. D. KUZNECOVA, O. V. VERENIKIN: Izv. Akad. Nauk SSSR, Ser. chim., **1979**, 806.

[15] A. V. FOKIN, JU. N. STUDNEV, A. I. RAPKIN, L. D. KUZNECOVA: Izv. Akad. Nauk SSSR, Ser. chim., **1974**, 1892.

[16] A. V. FOKIN, JU. N. STUDNEV, A. I. RAPKIN, K. I. PASEVINA, T. M. POTARINA, O. V. VERENIKIN: Izv. Akad. Nauk SSSR, Ser. chim., **1980**, 2369.

[17] A. V. FOKIN, JU. N. STUDNEV, I. N. KROTOVIČ, L. D. KUZNECOVA, O. V. VERENIKIN, V. G. PLATANOV: Izv. Akad. Nauk SSSR, Ser. chim., **1980**, 1934.

[18] A. V. FOKIN, JU. N. STUDNEV, A. I. RAPKIN, I. N. KROTOVIČ, L. D. KUZNECOVA, V. A. KOMAROV: Izv. Akad. Nauk SSSR, Ser. chim., **1976**, 946.

[19] A. V. FOKIN, JU. N. STUDNEV, I. N. KROTOVIČ, G. G. FURIN, G. G. JAKOBSON: Izv. Akad. Nauk SSSR, Ser. chim., **1981**, 927.

[20] A. V. FOKIN, JU. N. STUDNEV, I. N. KROTOVIČ, L. D. KUZNECOVA, A. M. GUKOV: Izv. Akad. Nauk SSSR, Ser. chim., **1977**, 2388.

[21] A. V. FOKIN, JU. N. STUDNEV, A. I. RAPKIN, K. I. PASEVINA: Izv. Akad. Nauk SSSR, Ser. chim., **1980**, 2623.

[22] A. V. FOKIN, JU. N. STUDNEV, A. I. RAPKIN, I. N. KROTOVIČ, L. D. KUZNECOVA, O. V. VERENIKIN: Izv. Akad. Nauk SSSR, Ser. chim., **1977**, 1445.

[23] A. ZAPPEL: Chem. Ber., 1961, **94**, 873.

FSC
www.fsc.org
MIX
Papier | Fördert
gute Waldnutzung
FSC® C083411

Zeitfracht Medien GmbH
Ferdinand-Jühlke-Straße 7
99095 Erfurt, Deutschland
produktsicherheit@kolibri360.de